Extrait des *Archives de l'agriculture du Nord de la France*, publiées par le Comice agricole de Lille.

Le Laboureur de la Flandre française.

MÉMOIRE

présenté au Concours régional de Lille en 1863,

PAR M. BAUCARNE-LEROUX.

Préambule.

Le gouvernement de l'Empereur, dans sa vive sollicitude en ce qui touche aux intérêts agricoles, a établi une *prime d'honneur* pour être décernée, dans chaque exposition régionale, à l'agriculteur présentant la meilleure exploitation parmi toutes celles du département où se tient le concours de la région. Cette haute récompense est accordée au domaine le mieux dirigé et réunissant les améliorations les plus utiles. M. le Préfet du Nord, par sa lettre du 27 septembre dernier, m'a fait connaître qu'étant désigné par le Comice de Lille, il m'invitait à prendre part à cette lutte qui aura lieu en 1863, dans le département, pour la prime d'honneur.

Ayant pris connaissance de la circulaire de S. Exc. le Ministre de l'agriculture, du commerce et des travaux publics, qui m'a été transmise par l'intermédiaire de M. le Préfet ; après avoir attentivement examiné les points les plus saillants qui doivent faire l'objet

1863

du mérite du cultivateur, je déclare à l'avance que je ne possède pas les éléments propres pour prendre sérieusement part à cette lutte, n'exploitant qu'un tout petit domaine et dans des conditions telles qu'il ne m'a pas été possible d'exécuter toutes les améliorations désirables, arrêté dans cette voie, par dés circonstances impérieuses et exceptionnelles.

Cédant néanmoins, au désir exprimé par M. le Préfet et me reportant aux instructions de S. Exc. le ministre de l'agriculture, je me décide à entrer dans quelques détails sur le travail qui nous est soumis, afin d'établir ma situation comme agriculteur, les améliorations tentées, les progrès accomplis, — cet exposé présentera, je l'espère du moins, quelque intérêt au point de vue de la culture locale, de la culture flamande; — le mérite des améliorations et des services rendus, les efforts, les déceptions, les succès et les résultats obtenus.

Pour me conformer aax instructions du mémoire à fournir, je vais entrer dans les renseignements généraux sur la culture du pays.

CHAPITRE I.

Configuration du sol.

Le département du Nord tire son nom de sa position au nord de la France. Il est placé entre les 50° et 51° de latitude nord, entre 0° et 1° de longitude est. La configuration du sol qui présente l'aspect d'une longue plaine, suivant la diagonale d'un carré, est généralement uniforme en ce qui concerne la masse, et particulièrement dans la contrée que j'habite. Les montagnes et les vallées sont de rares exceptions, les variétés de pente sont peu apparentes; il n'y a, à proprement parler, que des terres plates : les unes légèrement inclinées au midi, les autres vers le nord, d'autres aussi en pente légère vers de petits cours d'eau qu'on appelle *becques*. Les terrains inclinés au midi, recevant plus de soleil,

sont les mieux exposés et comportent des éléments plus hatifs;
ceux en pente vers le nord sont plus froids ; les récoltes sur ces
derniers restent plus longtemps stationnaires. Les sols inclinés
vers les becques sont le plus souvent d'une qualité supérieure et
mieux assainis.

Les pièces de terre, dans notre culture, sont morcelées et divi-
sées soit par de petits ruisseaux expressément établis pour le service et l'écoulement des eaux, soit par des arbres montants, des
aunes et halots. Ces diverses plantations de bois font que notre
pays est très couvert, embusqué, brumeux; ce qui nuit à la bonne
culture et au progrès agricole. En effet, ces plantations, qui ne
donnent au fermier qu'un produit insignifiant, nuisent considéra-
blement à l'ensemble d'une exploitation. Elles empêchent la cir-
culation de l'air et sont un obstacle aux rayons du soleil pour
réchauffer les sols humides; les récoltes souffrent, ont moins de
vigueur, et sont plus exposées à la verse; enfin si ces bois de basses
tiges disparaissaient, on arriverait plus facilement au perfection-
nement du morcellement, on aurait l'avantage de pouvoir réunir
plusieurs pièces de terre en une seule et de former par ce moyen
avec le temps de petites plaines.

Les arbres à hautes tiges, quoique plus particulièrement plantés
sur les vergers et le long des routes, nuisent aussi à la culture
locale : l'intérêt qu'ils occasionnent ne saurait jamais, et dans aucun
cas, être compensé par le produit qu'ils procurent. L'arbre
montant qui nuit le plus aux récoltes est, sans contredit, le peu-
plier; c'est aussi celui qui rapporte le plus au propriétaire; ses
racines, se développant dans la proportion de sa vigueur, s'introduisent dans le sol et s'étendent à une distance proportionnée à la
hauteur du sujet. Les arbres montants sont un obstacle à la bonne
viabilité des routes.

La superficie et la disposition des terres, pour recevoir les récoltes
s'arrangent par planches de trois, six ou huit mètres, selon les
terrains plus ou moins perméables et suivant les recoltes. La plus
grande partie du sol est en terres labourables; il y a peu de bois

et de prairies; dans la partie ouest, cependant, les prairies sont plus communes.

Le département est encore sillonné par un grand nombre de canaux qui sont d'une grande ressource pour les besoins de l'industrie. Les voies de communication ne manquent pas : un grand nombre sont pavées ; mais bien des chemins se trouvent encore dans un état qui laisse beaucoup à désirer.

CHAPITRE II

Constitution du sol.

La constitution du sol se compose d'argile, de silice, de sable et d'humus. Cette couche arable, formée d'éléments hétérogènes, généralement amendés par la facilité et la diversité des engrais que procure le pays. produit des récoltes volumineuses et abondantes. Cette richesse du sol varie selon les engrais employés, la combinaison plus ou moins habile dans l'appréciation, la façon des labours plus ou moins profonds, plus ou moins fréquents. La qualité du sous-sol joue un grand rôle par le mélange avec la couche arable; les moyens d'amendement produisent plus ou moins d'effet, sont plus ou moins avantageux selon l'aptitude d'appréciation du cultivateur. Les terres arides et ingrates sont rares dans notre contrée; celles peu productives sont en minorité.

Je classe les différentes variétés du sol en trois catégories principales : *sol argilo-sablonneux*, *argilo-alumineux*, *argilo-siliceux*.

Le sol argilo-sablonneux est la partie dominante. C'est ce que nous appelons dans notre pays terres franches ; convenablement travaillées et façonnées, elles obtiennent une couche arable très épaisse; le mélange du sous-sol sableux, dominé par une argile souple, forme une couche arable très riche en culture. Cette richesse augmente selon l'épaisseur ajoutée graduellement par les labours profonds. Alors les racines puisent à l'aise dans la terre les sucs et les principes fertilisants

L'argile retenant l'humidité nécessaire aux récoltes, le sable rendant la terre plus perméable, les travaux d'ameublement deviennent faciles ; le fumier, le purin, les matières fécales, les tourteaux sont employés avec avantage sur cette variété de sol. Ces engrais entretiennent la terre en bon état de fraîcheur, procurent de nouveaux aliments à mesure qu'elle s'épuise par des récoltes successives et multipliées. Le colza, le lin, les pommes de terre, les betteraves, le tabac, les céréales conviennent à ce sol.

Le sol argilo-alumineux, ou terres glaises, se rencontre quelquefois en portions compactes, quelquefois aussi en parcelles isolées et voisines d'un sol différent. On trouve la partie principale sur les hauteurs. Cette nature de terre se compose d'une argile plus grasse, plus compacte, douce au toucher, happant à la langue, peu perméable et humide. On emploie cette terre pour la confection des pannes et de la poterie. Terres froides, parce que l'eau y séjourne, elles se labourent difficilement ; grasses et collantes, elles adhèrent aux instruments aratoires. Toutes les argiles de cette nature se resserrent sous l'influence de la sécheresse, et si une pluie ne vient assez tôt les humecter, les récoltes souffrent et languissent : elles demandent une force de traction plus considérable. Ce moyen est indispensable si on veut obtenir de bonnes récoltes et de bons résultats ; les travaux doivent se faire avec plus d'étude et de précaution ; la terre ne doit être ni trop sèche ni trop humide. Dans des conditions contraires, elle devient tenace, compacte, et les récoltes mises dans ces sols ainsi préparés souffrent et donnent des produits très-inférieurs. La chaux de Tournai à l'état pur ou avec mélange, le fumier pailleux, les boues des villes sont des engrais particulièrement employés avec avantage, parce qu'il en résulte un amendement : les pores de la terre s'ouvrent ; elle devient alors, plus meuble et plus perméable. Pour recevoir des récoltes de printemps, il convient de préparer ces terres, avant l'hiver, par des labours profonds. La gelée produit un effet salutaire en rendant ce sol poreux. Ce sol convient aux différentes céréales : blé, avoine, fèves, trèfles, betteraves, pommes de terre,

Le sol argilo-silicieux est celui qu'on rencontre le moins, il est particulièrement dominé par le silice sableux. Cette terre, plus sèche, plus rugueuse, craquant sous la dent, a moins de consistance et perd vite sa fraîcheur On la rencontre plus particulièrement vers les cours d'eau La couche superficielle d'argile est moins épaisse, ordinairement d'une couleur plus foncée. La façon des labours se fait difficilement; la terre rôle à la charrue et s'encrasse ; elle demande moins d'engrais quand la labour est bien prise. Pour ce sol, la chaux ne peut s'employer qu'à de longs intervalles et plutôt au point de vue du sous-sol. Le fumier, les tourteaux conviennent mieux. Comme dans les argiles grasses, cette terre se fend à la sécheresse; se brise et se crevasse, laissant à découvert les racines des plantes. Il est bon, il est même indispensable de disposer ces terres longtemps avant d'y mettre des récoltes, car l'air et la gelée les modifient et les rendent poreuses. Si elles portent des récoltes d'automne, il est nécessaire, au printemps, de les tasser avec la herse et le rouleau ; les avéties ainsi arrangées et affermies reprennent une végétation vigoureuse. On se trouve bien de placer dans ces sols des colzas, trèfles, plantes industrielles, seigle, blé; le lin y réussit moins bien ; ils sont particulièrement propres aux prairies artificielles.

On rencontre encore, en dehors de ces différentes classes de sols, l'argile silicieux-sableux. Ces terres, d'une couleur plus pâle, plus grisâtre, se referment, se battent aux premières pluies. L'eau descend difficilement. Il est convenable de disposer toujours ces terres en planches, en laissant des rigoles pour le service des eaux. Le drainage devient ici indispensable et très-avantageux. Les labours profonds sont de première nécessité.

Constitution du sous-sol.

On appelle sous-sol la couche de terre qui supporte le sol arable. Cette couche est formée de diverses substances plus ou moins avantageuses au sol : il y a les sous-sols argileux, sableux, silicieux, calcaires, substances dures ou moëlleuses plus ou moins perméables. La substance du sous-sol, comme on l'a vu, joue un grand rôle dans l'amendement et l'amélioration du sol. Tantôt sableux, il est mélangé avec avantage au sol argileux ; tantôt dur et sec, il vient modifier un sol plus gras. Convenablement remué et mélangé, l'infiltration des eaux se fait mieux ; on obtient une terre plus souple et maniable. Tantôt, enfin, c'est un sol glaiseux se liant avec un sous sol sableux ; entamé avec la charrue, on parvient, avec le temps, à obtenir une couche arable plus épaisse, plus riche en principes fertilisants. Le travail du sous-sol avec le sol est donc une étude principale du cultivateur. C'est à lui à se rendre bien compte des combinaisons qu'il a à établir pour obtenir des résultats satisfaisants. Ces avantages ne s'obtiennent qu'avec le temps et la persévérance.

Climat.

Le climat du département du Nord est d'une température modérée, mais plus humide que sèche. Nous avons, par exception, des années chaudes et sèches ; parfois les extrémités se touchent. Nous avons vu, en 1859 et 1860, un contraste frappant entre ces deux années. 1859 a été une année très-chaude et très-sèche ; 1860 très-pluvieuse et humide. Ces extrémités sont souvent nuisibles à l'homme comme aussi aux végétaux. Nos récoltes cependant, quoique souffrant parfois d'un excès de sécheresse, sont presque toujours meilleures dans les années sèches. Les récoltes étant généralement très-fumées sont moins exposées à la verse, donnent moins de paille, mais plus de grains et d'une qualité supérieure Les froids agissent en raison de leur intensité.

Les gelées venant en saison ordinaire ne nuisent guère aux plantes ; elles sont même bienfaisantes au point de vue de l'hygiène. Elles améliorent les terres travaillées en automne ; elles les rendent poreuses et plus faciles à travailler. Le cultivateur profite aussi des gelées pour le transport des fumiers et des engrais. Mais lorsque les gelées arrivent plus tard, quand le soleil a plus de force, l'alternative des journées chaudes et des nuits froides, font craindre ces gelées. Le dégel du jour amollit la surface du sol ; la gelée de la nuit qui lui succède la raffermit et, en la soulevant, arrache ou coupe les récoltes au collet de la racine. Les terres en pente au midi se ressentent plus particulièrement de ces effets nuisibles, par la raison qu'elles sont plus échauffées par le soleil. Les blés ensemencés de bonne heure résistent mieux à ces effets désastreux, qui n'arrivent, il est vrai, que par exception. Ceux ensemencés très-tard et dont la levée n'est pas encore effectuée, ou qui ne fait qu'apparaître, sont aussi protégés par les rigueurs des mauvais hivers. Une couche de neige assez épaisse est une garantie pour toutes les récoltes. Les blés étrangers non acclimatés sont plus exposés à la gelée ; les colzas sont particulièrement châtiés.

Eaux et marais.

Dans l'arrondissement de Lille, et particulièrement dans ma contrée, il n'y a point de mares d'eau. Quelques terres noires et humides existent, cependant, dans certaines localités, et en hiver sont submergées momentanément. Dans les environs de Dunkerque on rencontre une grande superficie de terres humides désignées sous le nom de *moëres*. Sur d'autres points du département, on trouve encore des terres marécageuses (marais de Six-Villes, près Douai ; de l'Epaix et de Bruay, arrondissement de Valenciennes, etc.) Une grande partie de ces marais sont desséchés au moyen de différents systèmes.

Le département du Nord est sillonné par un grand nombre de rivières : la Lys, la Deûle, l'Iser, l'Aa, la Scarpe, la Sensée l'Escaut, la Sambre. Les plus grands affluents se relient par des canaux qui desservent les besoins de l'agriculture et de l'industrie. Beaucoup de fermes sont entourées de fossés alimentés généralement par des becques et petits cours d'eau. Ces fossés sont, dans beaucoup de cas, insalubres à cause de la difficulté de renouveler l'eau.

Les prairies, situées en parties dans les bas fonds sont arrosées par les débordements des rivières, canaux et becques, naturellement ou par des rigoles établies par les mains d'hommes. Ces prairies, ainsi arrosées, ne retiennent l'eau qu'une partie de l'hiver; elles présentent momentanément de véritables lacs, qui disparaissent aux premiers beaux temps. Cet arrosement est bienfaisant, sert d'engrais et procure des récoltes abondantes. Les sources naturelles sont peu communes, mais l'eau minérale surgissant du sein de la terre est bonne pour l'alimentation de l'homme et des animaux domestiques. Pour cet usage, on établit des puits de différentes profondeurs, selon le niveau d'eau de la localité où on se trouve. On obtient une eau très-potable et bien cristallisée. Depuis un certain temps on remarque, dans les environs de Roubaix et Tourcoing, que le niveau d'eau baisse, cause attribuée au grand nombre de puits forés pour le service de l'industrie.

Les canaux et rivières les plus rapprochés donnent des eaux plus ou mois saines ou altérées. La Lys, qui passe à douze kilomètres, contient une belle eau courante et limpide par elle-même; mais le rouissage du lin, s'effectuant dans son lit, corrompt ces eaux qui répandent, dans les chaleurs, des exhalaisons infectes. Le manque d'eau s'étant fait sentir dans les villes de Roubaix et Tourcoing pour l'usage industriel, on établit actuellement un travail pour en amener au moyen de tubes en fer de fonte et en forme de drainage. Ces eaux arriveraient par un souterrain parcourant douze kilomètres. Le canal de Roubaix n'est pas achevé; il s'arrête à cette ville en forme de cul-de-sac. Les difficultés pour son exécution ont paru jusqu'ici sinon insurmontables, mais devant exiger des dépenses considérables, quoiqu'il n'y ait qu'une distance à franchir d'environ un kilomètre, pour former jonction avec la partie venant de la Deûle en passant par Croix et Wasquehal. Un débouché est indispensable non-seulement au point de vue de la navigation, mais aussi au point de vue de la salubrité. Un projet encore à l'état d'étude, fait espérer que bientôt cette lacune se réalisera.

CHAPITRE III.

Débouchés, distance des marchés.

La commune de Croix est avantageusement placée pour les débouchés et les marchés. Située à trois kilomètres de Roubaix, cinq de Tourcoing et huit de Lille, les produits et denrées sont conduits dans ces grandes villes et consommés sur place. Roubaix, chef-lieu du canton que j'habite, a 55,000 habitants, sans compter la population flottante qui est considérable. Tourcoing possède 35,000 habitants; Lille, 130,000.

On comprend qu'avec une population aussi considérable sur une surface comparativement restreinte, il y ait des besoins d'alimentation énormes. Cette alimentation serait bien insuffisante s'il n'arrivait des approvisionnements des points plus éloignés. Les denrées dites légumineuses sont fournies à Roubaix : un marché a lieu à cet usage quatre fois la semaine : les mardi, jeudi, samedi et dimanche. Les blés se vendent en partie sur échantillons à prendre chez le fermier pour la boulangerie du pays. Il n'existe en cette ville aucun marché pour les céréales ni pour les bestiaux. Les cultivateurs plus rapprochés de Lille vendent leurs blés, avoines, fèves et graines oléagineuses en cette dernière ville. Les bestiaux gras, tels que bœufs, vaches, moutons, porcs se vendent également à Lille le mercredi de chaque semaine. Les betteraves se livrent à des distilleries ou à des raffineries de sucre. Ces établissements sont assez rares dans notre contrée; il n'en existe que quatre dans un rayon de huit kilomètres.

Le cultivateur conduit le produit de sa récolte à destination, et avec ses attelages il ramène chez lui 1/5 de pulpe du poids des betteraves qu'il a fournies. Il y aurait un bénéfice plus considérable si des industries de ce genre pouvaient être annexées à nos exploitations; mais nos fermes sont si peu importantes qu'on ne peut songer à ces perfections. La division et le morcellement de notre culture sera de longtemps encore un obstacle à ce progrès. Dans d'autres parties du département, tels que les arrondissements de Cambrai, Valenciennes, Douai, où la culture se fait plus en grand, on trouve un nombre assez important de fermes ayant une distillerie.

Les lins se vendent généralement sur pied au moment de la récolte, soit à des marchands rouissant à la Lys, soit à d'autres des environs de Douai, rouissant en vert et sur les champs. Lorsque nos lins ne sont pas vendus sur pied, on les vend alors au poids pendant l'hiver. Quelques cultivateurs peu éloignés des rouissoirs fabriquent leurs lins eux-mêmes pour en faire de la filasse. Ce mode est avantageux en ce qu'il permet d'occuper en hiver, les bras que l'on conserve pour le moment des grands travaux.

Le tabac se cultive dans les arrondissements de Lille et d'Haze-brouck. Cette plante demande une forte mise de fonds, une grande préparation de la terre qui doit le porter, beaucoup d'engrais, des soins minutieux et continus depuis les semis jusqu'à la parfaite dessiccation. Le tabac a pour avantage d'occuper des ouvriers pendant l'hiver; et de procurer à la terre des éléments de fertilité très-remarquables. Il se vend à la Régie de Lille, pour le compte du Gouvernement.

En plus des récoltes industrielles, on doit ajouter celles alimentaires : les pommes de terre sont vendues et consommées dans la contrée; les haricots ne se plantent que comme les légumes; toutefois dans certaine partie de l'arrondissement on les cultive avec avantage et en assez grande quantité. Depuis quelques années on récolte aussi de la chicorée.

Le produit de la laiterie est un commerce assez important; aussi une bonne partie de nos récoltes sont employées pour la nourriture des bestiaux, tels sont : les trèfles, luzernes, betteraves à vaches, carottes, turneps, navets, choux-collets, pâturages, foins, scourgeons verts. Le beurre se vend aux marchés de Roubaix, Tourcoing et Lille. Le lait battu, ou bas beurre, est conduit à Roubaix. Le lait se débite en ville, à domicile par le fermier, ou bien ce dernier le cède à des marchands qui viennent le prendre chez lui.

Voies de communication.

Au point de vue de la vicinalité, le département du Nord est le plus favorisé de toute la France. Il est sillonné par 15 routes impériales, 24 routes départementales. 72 chemins de grande communication et par une infinité de chemins vicinaux d'intérêts communaux et de voies ordinaires. Il est aussi traversé par plusieurs lignes de fer, dont la principale est celle de Paris à la frontière belge et à la mer du Nord, avec divers embranchements. Quoique le Nord ait l'avantage d'être bien desssservi par ces différentes voies, disons tout de suite que c'est aussi dans ce département que les besoins sont plus nombreux et que les routes sont plus fréquentées. Ce pays est tout à la fois très populeux, exceptionnellement industriel et agricole. Après avoir signalé ces avantages pour les grandes artères, disons que la bonne viabilité dans les communes rurales laisse encore beaucoup à désirer. Combien de communes qui n'ont pas ou ont peu de routes empierrées? Combien de cultivateurs qui se trouvent encore actuellement dans des chemins défoncés, où les routes ne sont praticables qu'une partie de l'année? Il faut dire cependant que depuis quelques temps on a beaucoup amélioré les chemins, en pavés, graviers, mâchefer. Les avantages d'une bonne viabilité sont incalculables pour la livraison des produits, la rentrée des récoltes, le transport des engrais, la facilité des chevaux, etc, Le bon état des routes est le progrès le plus essentiel en agriculture.

RENSEIGNEMENTS SUR LA PRODUCTION DU BÉTAIL ET SON BUT.

Elevage et engraissement.

Le mode du produit du bétail dépend de l'endroit où l'on se trouve, de la position et des ressources dont on peut disposer.

Dans les arrondissements d'Avesnes, Dunkerque et Hazebrouck, on fait beaucoup d'élèves, non-seulement pour le besoin des domaines, mais comme commerce. Dans ces contrées, il existe beaucoup de pâturages, et c'est ce qui décide les cultivateurs à employer ce genre de produit. Dans les arrondissements de Valenciennes, Cambrai, Douai, on fait aussi des élèves, mais seulement pour remplacer les vides qui se font annuellement. Dans ces arrondissements, où l'industrie sucrière est assez répandue, on se livre avec avantage à l'engraissement pour consommer les résidus, pulpe, etc., à la ferme. L'arrondissement de Lille est celui où l'on fait le moins d'élèves. On tient des bestiaux pour les engrais et on fait du beurre. A proximité des centres populeux, on vend du lait et on pratique l'engraissement. Dans ma contrée on ne fait point ou presque pas d'élèves. Les cultivateurs achètent des vaches en lait, lesquelles sont engraissées à mesure qu'elles tarissent. Pour la laiterie on recherche particulièrement la race hollandaise, comme étant plus abondante. Les vaches rouges flamandes de Cassel sont préférées pour le rendement et la vente du beurre. Le but principal de la production du bétail, c'est l'engrais dans la ferme. Sans engrais, pas de culture possible.

Main-d'œuvre : rare ou abondante, prix de la journée des hommes et des femmes aux différentes époques de l'année, domestiques à gages, prix de la journée des tacherons, etc.

Le pays que j'habite étant éminemment industriel, les ouvriers des champs sont rares et généralement peu initiés aux travaux agricoles. Avant l'extension du commerce, les travaux se faisaient encore par des ouvriers du pays, qui étaient dès leur jeune âge attachés de père en fils à la ferme. Peu à peu, ces bons et regrettables serviteurs disparaissent, et l'industrie occupent leurs enfants.

Aujourd'hui les travaux ordinaires s'exécutent par des serviteurs à gages, mais presque tous belges; les sarclages se font par des brigades venant du Hainaut ou de la Flandre belgique, ayant à leur tête des chefs-ouvriers qui les dirigent. Ces brigades arrivent vers le mois de mai et, après les sarclages, se divisent pour les différents travaux agricoles, tels que la plantation des betteraves, l'entretien des récoltes en lins, colzas, la fenaison, la moisson, l'arrachage des betteraves, des pommes de terre. La plupart de ces gens retournent dans leur pays vers le mois de novembre alors que les travaux diminuent. Chaque année, cependant, il en reste quelques-uns qui prennent du service dans nos fermes. Quoique ces ouvriers laissent beaucoup à désirer sous bien des rapports, nous sommes néanmoins heureux de les obtenir, sinon les travaux en souffriraient.

C'est dans notre contre contrée surtout que l'ouvrier déserte les champs pour la ville. Les motifs de cette désertion ont été maintes fois discutés et commentés. Mais le fait existe, et nous en connaissons les causes principales, sans pouvoir appliquer les remèdes. Ces causes proviennent de l'appât d'un salaire plus élevé. L'ouvrier de la ville gagnant en moyenne 2 fr. 50 à 5 fr. par jour ; l'attrait des plaisirs, une liberté plus grande de se mouvoir ; le père de famille travaillant chez lui avec ses enfants est son maître et a plus de liberté ; le contact des deux sexes dans les filatures ; la conséquence de ces attraits exagérés des villes produit une population chétive et misérable. Dans les villes on trouve de bonnes routes pavées, l'éclairage, des écoles gratuites bien tenues pour les pauvres, des sociétés de bienfaisance de toute nature, des sœurs de charité et de bons soins pour les malades, des hôpitaux pour les infirmes et les blessés, des hospices pour la vieillesse, les secours et les grandes ressources des bureaux de bienfaisance.

Tous ces avantages qui ne peuvent se rencontrer à la campagne, séduisent les ouvriers des champs pour la ville. Les moyens pour combattre cette émigration et retenir nos ouvriers dans nos champs, sont impuissants ou bien peu efficaces. Les légers bénéfices du cultivateur ne permettent pas d'élever les salaires comme chez l'industriel. Tout ce que l'on peut faire, c'est de donner aux ou-

vriers des champs le plus de bien-être possible, une bonne nourriture, les bien concher, les commander avec patience et douceur.
Pour occuper pendant l'hiver les bras dont nous avons besoin dans
la saison d'été, on les emploie aux industries attachées à la ferme;
telles que le teillage du lin, la manutention des tabacs, l'industrie
sucrière, la distillerie, les terrassements pour la confection des
briques.Mais ces moyens ne peuvent être employés qu'en minorité
dans notre petite culture. Il est avantag_ux de conserver le plus
longtemps possible les mêmes ouvriers qui sont initiés aux travaux
agricoles. Faire des maisons pour leurs familles, avec un petit
jardin, est encore un moyen pour se les attacher.

Les hommes non gagés, mais attachés annuellement à la ferme.
gagnent 2 fr. par jour, non nourris; 75 c. à 1 fr., nourris. A
l'époque de la moisson, ces journées s'élèvent de 1 fr.50 à 3 fr.
avec nourriture. La femme non gagée est peu occupée dans nos
fermes;son salaire est de 1 f. 25 à 1 f 50 par jour,non nourrie.Les
domestiques à gages sont payés de 15 à 25 fr., selon le mérite,
l'emploi et la capacité de chacun; ils sont logés et nourris. Les
femmes à gages se paient de 15 à 20 fr. aussi par mois. Si ces
domestiques deviennent malades, comme ils sont pour la plupart
étrangers, ils demeurent à la charge du cultivateur; toutefois res-
pirant le grand air, ils sont moins exposés aux maladies que les
ouvriers des villes ; ils sont généralement plus robustes et plus
vigoureux que ces derniers. Comme on le voit, la différence des
salaires est assez importante; aussi, ce n'est qu'à l'aide de moyens
de bien-être dans la sphère du possible, qu'on obtient encore de
se les attacher.Si on n'emploie pas ces moyens,ils deviennent peu
soucieux des intérêts du patron et le quittent à la première occasion,
ce qui est très regrettable pour les cultivateurs du pays.

RENSEIGNEMENTS SPÉCIAUX.

Description, plantation, fermage, baux.

Le domaine que j'exploite comprend 25 hectares dont 19 en cultures arables, 3 en vergers et prairies, 3 en terres occupées à faire des briques. A l'exception de quelques parcelles plus éloignées mes terres sont massées autour de la ferme : La circonférence est d'environ 1 kilomètre.

Les pièces de terre ne sont pas closes; elles sont entourées d'un fossé qui sert de limite avec les terres d'autres domaines. Il y avait jadis des saules plantés sur les rives intérieures et extérieures; je les ai fait abattre; actuellement tout est à découvert. La culture du pays étant extrêmement morcelée, la mienne se trouvait dans ces conditions. Par différents travaux que j'ai fait exécuter, ce morcellement a diminué. Les vergers et les prairies sont entourés d'une haie d'épines ; des arbres montants sont plantés sur toutes les lisières. A l'intérieur il y a des arbres fruitiers : ne pouvant plus obtenir que des récoltes défectueuses en herbe et en foin sur la plus grande partie de ces vergers, je les ai rendus plus fertiles par l abattage de ces arbres et par l'enlèvement d'une couche superficielle de terre.

Les propriétaires exploitent peu par eux mêmes dans notre contrée; toutes les terres sont accordées à prix ferme en argent. Lorsqu'un cultivateur loue une exploitation, il doit s'entendre avec le propriétaire pour l'entreprise et le loyer, et avec le cultivateur qu'il doit remplacer pour la cession et l'achat de l'avoiement de la ferme. Cet avoiement comprend tout l'équipement et le matériel du domaine : mobilier, instruments aratoires, chevaux, vaches, labours, paille, etc. Cette estimation se fait, le plus souvent, de gré à gré ou par expertise.

Les baux n'ont pas de conditions spéciales pour le mode de culture; ils renferment les clauses ordinaires pour l'interdiction do sous-louer; les cas fortuits, les impôts à la charge du preneur, les petites réparations locatives incombent à ce dernier; les grosses au propriétaire. Les fermages se paient en un seul terme, au 1er octobre, ou en deux fois, les 1er avril et 1er octobre. En faisant bail, le propriétaire se réserve ordinairement une demi-année de pot-de-vin, c'est-à-dire que le fermier doit payer en plus de son loyer ordinaire, une demi-année de loyer supplémentaire. Il y a aussi des réserves de corvées en chevaux et voitures, des poulets, des œufs, etc.; les engagements secondaires ont plus ou moins d'importance, selon le plus ou moins d'exigence des propriétaires.

Les terres se louent en moyenne de 110 à 140 francs l'hectare. Une clause essentielle pour un locataire fermier et même pour le propriétaire, c'est que le cultivateur puisse obtenir ses engrais et labours. Cette condition lui donne la faculté de récolter les dernières années du bail ; les engrais qu'il doit mettre sur les terres lui étant payés à la cessation de son entreprise. Presque tous les baux sont faits pour 9 ans.

En ce qui concerne la vaine pâture nous avons peu à dire. La culture étant divisée et morcelée, il y a peu de moutons. Les cultivateurs qui en possèdent les font paître le long des chemins de la commune, le long des digues, des canaux, sur les champs après les récoltes. Ils font des élèves ou bien les engraissent et les remplacent chaque année par des moutons maigres. Le produit des laines se vend dans le pays pour l'industrie. Une toison peut valoir en moyenne 10 francs par tête.

Importance du capital employé sur le domaine etc.

Le capital engagé dans mon exploitation n'est pas très-considérable, attendu que j'ai peu de terre; mais, proportion gardée avec d'autres domaines, ce capital est assez important et presque doublé depuis mon entrée en jouissance. Les terres de ma ferme se répartissent annuellement d'une façon peu régulière, selon les demandes et le délaissement des plantes industrielles, textiles et alimentaires. Dans la culture ordinaire, je distribue mes terres comme suit : 7 hectares blé, 2 hectares seigle, hivernage, scourgeon vert, 1 hectare trèfle, 3 hectares betteraves, 2 hectares lin, 2 hectares avoine, 1 hectare pommes de terre, 3 hectares prairies, 3 hectares briques.

Bâtiments, nature, disposition, etc.

Les bâtiments de mon exploitation sont peu importants; nonseulement ils ne présentent rien d'intéressant, mais ils laissent beaucoup à désirer. Ils sont vieux, humides et couverts en chaume. Un sommier porte la date de l'an 1477. La disposition est assez avantageusement établie. Un fossé fait le tour de la ferme; il n'y a qu'une seule entrée qui est la porte cochère.

En entrant, à gauche, vient une chambre à coucher pour les charretiers, une écurie pour chevaux, le corps de logis en suivant composé de 7 pièces, avec 2 petites caves surmontées d'un grenier et de chambres, ensuite une écurie pour chevaux que j'ai fait construire à mes frais; les granges forment l'aile en face de l'entrée, puis arrivent les étables à vaches, citernes au purin, places pour les nourritures, chambres des domestiques; une petite écurie pour infirmerie en cas d'accident.

Au milieu de la cour, l'abreuvoir et les fumiers. Au dehors, différentes remises pour chariots et ustensiles aratoires ; une pièce située à 25 mètres de la ferme sert à faire le pain. Les améliorations que j'ai faites n'ont été calculées que pour un temps assez limité : pour embellir et établir des constructions en rapport avec le progrès, je devais entrer dans des dépenses considérables; je me suis contenté de faire le nécessaire et avec le plus d'économie possible.

Moyens de transport, harnachement des animaux, etc.

Le mode de harnachement des chevaux est simple et presque

uniforme. Les colliers consistent en torches de paille de seigle entourées de cuir; les attelles sont en bois. Ces colliers ont une dimension en moyenne de 70 centimètres de haut en bas sur 45 de largeur; une clef en-dessous s'ouvre et se resserre selon les besoins. Un traiteau est fixé de chaque côté pour attacher les avant-traits ; ils sont retenus par une dossière et une croupière. A ces avant-traits il est fixé des traits en corde ou en fer, lesquels sont attachés à l'harnat ou volée.

Dans les petites exploitations, un cheval est attelé seul; dans les plus grandes les attelages son' de 2 chevaux; il est rare que ce nombre soit dépassé. Un timon fixé au véhicule maintient celui-ci en respect ; au bout de ce timon, il y a deux chaînes en fer attachées au collier du cheval. Un cheval seul est plus souvent attelé à une voiture à deux roues avec brancards reposant sur le dos du cheval; s'il est attelé à un chariot à 4 roues, celui-ci doit être plus léger et les jantes plus petites. Pour la charrue, les chevaux s'attachent à une volée et se conduisent au moyen de petites cordes qu'on appelle, dans notre pays, *affi'és*, que les charretiers font fonctionner à la main. L'usage des bœufs, pour l'attelage, n'est employé que par exception dans quelques fabriques à sucre. Les vaches ne travaillent pas.

Assolements.

L'assolement est tout à fait irrégulier dans le département du Nord et particulièrement dans ma contrée. L'assolement triennal avec jachère ou repos d'une année a été suivi pendant des siècles, mais il est défectueux. La terre reste un an sans récolte et n'apporte aucun fourrage à la ferme ; base des engrais, elle s'épuise par la production des grains qui reviennent à époques trop rapprochées, se salit par les mauvaises herbes, ou sinon, elle demande des soins et des labours souvent répétés. Ces travaux entraînent des dépenses sans en retirer aucun produit. Ajoutez à cela le loyer et les contributions qu'il faut également payer et dont le prix hausse chaque année. Les règles de l'assolement du pays peuvent donc se déduire comme suit :

1° Placer sur chaque espèce de terre les plantes qui réussissent le mieux et dont le débit est le plus facile et le plus assuré ;

2° La combinaison et la variation des prix de vente et de revient pour certaines cultures industrielles demandées ou délaissées;

3° Rechercher avec soin les prix les plus rénumérateurs entre les plantes industrielles, textiles, légumineuses et alimentaires;

4° Etablir la comparaison avec la main-d'œuvre, le temps dans la distribution des labours pour les attelages à occuper, prendre en considération les assolements précedents;

5° Faire succéder à chaque récolte celle qui est la plus sympathique et qui à cette place doit venir le mieux ;

6° Intercaler les plantes épuisantes à racines profondes avec celles plus superficielles ; se ménager entre chaque récolte un temps suffisant pour préparer toutes les terres, à tour de rôle s'il le faut, d'une manière plus complète. L'assolement alterne suivant, est pratiqué avec avantage : Tabac, betteraves, blé, trèfle, blé ; on met encore après tabac : colza, blé, avoine, trèfle, blé. On met après betteraves : blé, pommes de terre, blé, avoine, lin, blé, hivernage, raves ou choux-collets. On voit que la terre, ne portant pas deux fois de suite la même récolte, observe l'alternat et que les plantes légumineuses, fourragères, industrielles, alimentaires s'intercalent sans se nuire.

L'assolement du trèfle, lin, tabac ne peut revenir à la même place que tous les six ou sept ans. Dans un délai plus rapproché ces récoltes souffriraient ; le blé seul suit un assolement presque régulier. On peut le considérer comme un assolement semi-biennal, semi-triennal, c'est-à-dire, revenant deux fois en cinq ans à la même place.

Il y a aussi dans le système des assolements la culture libre. D'après ce système, on ne s'assujétit à aucune succession régulière de récoltes. Il a pour but la production des fourrages pour les fumiers, la nourriture et l'entretien d'un nombreux bétail ; la production des plantes industrielles les plus recherchées, voilà les principales bases de l'assolement libre. Pour réussir, il faut de bonnes terres et des engrais en abondance ; ce système est le plus usité dans notre contrée, par la facilité de se procurer des engrais. Indépendamment de ces assolements principaux, il y en a d'accessoires : tels que l'orge consommée en vert, le scourgeon, seigle, mêlé avec navels ; ces herbages se donnent au moment où les bestiaux languissent après la verdure. On remplace ces récoltes, à mesure qu'elles s'enlèvent, par des betteraves, carottes, turneps, navets. La cameline et la chicorée ne se cultivent que par exception.

Comme on le voit, si on épuise nos terres par des récoltes successives et réitérées, il est indispensable de recourir assez souvent à des engrais, afin de remplacer ces épuisements par de nouveaux principes fertilisants.

Amendements et engrais.

On compte, comme amendements et engrais, dans notre pays : la chaux de Tournai à l'état pur, et le plus souvent mélangée avec des fumiers de rue, déposés en tas ; et les cendres.

On emploi comme engrais plus actifs : les tourteaux de colza, œillettes, chanvre, lin, le guano, les matières fécales, le purin, les déchets de laine, la colombine, les déjections des oiseaux de basse-cour, les fumiers de vaches, de chevaux, de porcs, de moutons, le parcage. L'engrais vert n'est pratiqué que par exception. J'appelle engrais vert, certaines plantes à végétations rapides, telles que les deuxièmes coupes de trèfle, le feuillage des navets qu'on enfoui dans la terre. On se procure la plupart de ces matières fertilisantes sur les lieux. La chaux est employée avec avantage, de temps à autre, selon la tenacité du sol ; elle forme des sels utiles ; elle change en humus actif les débris des végétaux inertes ; elle a la propriété de soulever les terres massives, compactes ; les ouvre de façon à rendre les sols plus accessibles. Il convient de mesurer les doses suivant les besoins et l'appréciation des sols où elle est utilisée.

On ne peut faire usage de la chaux à l'état pur que tous les 7 ou 8 ans. La combinaison en mélange avec le fumier de rue produit de bons effets. Cet engrais convient particulièrement aux trèfles, colzas, pommes de terre, betteraves. Les matières fécales sont beaucoup employées. Cet engrais est très-fertilisant, très-actif ; il remplace dans notre contrée les tourteaux et le guano : il a la propriété de maintenir les sols en bon état de fraîcheur ; il est stimulant, mais il s'épuise vite ; on l'emploie sur toutes les récoltes ; mais pour celles qui demandent une forte dose, il est avantageux d'en utiliser une partie avant l'hiver, pour faire germer les mauvaises herbes ; il est excellent pour toutes les verdures, pâtures, prairies. Employée pour les blés, cette fumure doit être mise avant l'hiver ; si on attendait au printemps, la récolte se développerait trop activement, ne mûrirait pas ou mûrirait dans de mauvaises conditions et serait susceptible à la verse. La récolte, dans ce cas, donne du volume, mais peu de qualité.

Le fumier est incontestablement le premier des engrais ; on l'emploie sur tous les sols ; il est indispensable sur les terres fermes et tenaces. Ses effets sont moins actifs, mais d'une longue durée ; il est de première nécessité pour le maintien d'une bonne culture : il ne comporte pas seulement des principes fertilisants ; mais il rend la terre plus perméable, plus poreuse. Le fumier long, peu consommé, est principalement applicable aux terres fortes et argilo-glaiseuses. Il est essentiel de ne pas le laisser trop longtemps en tas, car le volume se restreint on l'emploie pour toutes les récoltes.

Le fumier des chevaux est plus actif, plus chaud, mais il s'épuise plus vite ; celui de moutons est aussi actif, énergique ; mais plus sujet au blanc. Ces sortes de fumure conviennent plus spécialement aux sols plus froids. Le purin est d'une qualité inférieure comme matière fertilisante ; ses effets sont instantanés ; je m'en sers pour les récoltes en vert, les pâtures, les prairies, ; on l'emploi avec avantage sur un blé ensemencé après trèfle, il a la propriété de chasser les vers et les limaces. Chez les cultivateurs moins bien situés pour les bonnes routes, on l'utilise avec des tourteaux délayés. Le tourteau est un engrais pressant et fertilisant ; celui de colza est le plus usité ; on l'emploi moins dans ma contrée parce qu'il revient plus cher ; on s'en sert particulièrement pour les betteraves et le tabac. Les cendres conviennent aux trèfles et pommes de terre.

La distribution et l'application des différents engrais est une des principales sciences en agriculture. Il est essentiel de conduire son labour de façon à ce que le fumier soit distribué d'une manière convenable, que les terres du domaine soient rationnées de telle sorte qu'il n'y ait pas de longs intervalles en privant, les unes pour les autres, les terres où cet engrais est réclamé. Toutefois, la nature du sol doit entrer dans la combinaison à établir ; il est avantageux que le fumier revienne tous les trois ans à la même place.

Le prix de revient des différents engrais peut bien être établi comme point de comparaison, mais il ne peut l'être pour l'application d'une récolte. Les uns, d'un actif fertilisant, donnent toute leur propriété à la plante ; les autres, quoique d'une richesse plus grande, sont moins stimulants et laissent après la récolte, une partie de leur valeur à la terre ; la récolte qui suit en profite. Ainsi on emploiera pour les plantes demandant beaucoup d'engrais, telles que tabacs et betteraves, plusieurs engrais à la fois : du fumier, des tourteaux, des matières fécales ; le fumier, qui doit coûter plus cher, fera des effets moins grands ; mais il laisse après lui plus de substances fertilisantes pour réargir sur les récoltes qui doivent suivre.

Une fumure ordinaire de fumier de vaches, chevaux ou moutons, coûte en moyenne, rendue sur les terres, 7 fr. les 1,000 kil., soit à l'hectare, en comprenant la fumure de 60,000 kilog., pour une somme de . . . . 420 fr.

Supposons le fumier destiné à la betterave pour une valeur de 200 fr., reste en terre . . . . 220 fr.

Les tourteaux coûtent en moyenne, rendus, 18 fr. les 100 kilog. Pour obtenir les mêmes résultats, supposons 1650 kilog. à l'hectare, soit. . . . . .297 fr.

Le guano coûte, rendu, 36 fr. les 100 kilog. à l'hectare, soit .240 fr.

Les matières fécales, employées en dose, pour obtenir l'effet des tourteaux et guano, doivent être de 165 hectolitres à l'hectare, à 1 fr. 25 cent. rendues, soit . . . 206ᶠ25

La chaux, employée comme amendement, ne peut s'établir par aucun point de comparaison ; rendue, elle coûte 1 fr. 70 l'hectolitre ; les autres engrais, tels que les cendres, colombine, les déjections d'animaux n'ont pas de prix régulier ; ils sont d'ailleurs peu employés à cause de leur rareté. Les déchets de laine se vendent 5 ou 6 fr. les 100 kilog.

Dessèchements et drainages.

Le dessèchement des terres se fait par des fossés qu'on laisse subsister et qu'on établit selon les besoins qui se présentent. Tenir les pièces de terre adossées, afin que les écoulements s'exécutent plus promptement ; faire de fréquents labours, des défoncements réitérés afin d'acquérir une couche arable plus épaisse, plus perméable : tels sont les moyens employés. Pour les plantes semées en automne, on établit des rigoles tous les 5 ou 10 mètres, selon les besoins du service ; pour les colzas, une rigole à la bêche est faite à mains d'hommes, de 3 en 3 mètres. Ces différents moyens suffisent pour la plus grande partie de la culture.

Le drainage, dans beaucoup de localités, pourrait être pratiqué avec avantage ; mais les cultivateurs, étant presque tous locataires et n'ayant devant eux qu'un bail de courte durée, se décident difficilement à faire ces dépenses, dans la crainte de ne pouvoir en profiter assez de temps ou de subir une augmentation de loyer.

Les quelques fermiers qui drainent ont obtenu jusqu'ici l'intervention de leurs propriétaires, dans les frais que nécessitent ces travaux. Le moyen le plus naturel, selon moi, c'est que toutes les dépenses du drainage soient faites par le propriétaire, alors qu'il est reconnu que ce drainage peut amener de grandes améliorations. Dans ces conditions, le fermier-locataire, tout en payant l'intérêt de la somme dépensée au taux de 5 %, y trouverait son profit ; et le propriétaire, tout en ayant puissamment contribué au progrès, ne serait nullement intéressé.

Pour drainer, il faut un examen sérieux des pièces de terre, établir un niveau d'eau pour s'assurer à l'avance que les drains pourront fonctionner par une pente suffisante. On dispose alors le terrain par planches de 10 à 12 mètres, selon la nature du sol ; on établit à cette distance une rigole de 1 mètre ou 1 m. 50 de profondeur ; on pose les drains dans le fond de ces rigoles, de manière que l'écoulement se fasse régulièrement. Ces tuyaux, posés en lignes parallèles, ont un diamètre de 3 à 5 centimètres. Cette première préparation faite, on place au bout de ces drains des tuyaux de décharge d'un plus grand diamètre, lesquels conduisent les eaux dans les fossés ou dans des réservoirs. Pour arriver avec plus de facilité à ces opérations, la loi autorise, au besoin, de traverser les propriétés voisines.

Les tuyaux de drainage se fabriquent dans la contrée. Ceux d'un diamètre de 3 à 5 centimètres coûtent 25 fr. le mille ; leur longueur est de 30 à 33 centimètres.

Les tuyaux d'un plus grand diamètre augmentent de prix en proportion de leur volume.

Pour drainer un hectare de terre dans les conditions ordinaires, il faut faire une dépense de 200 à 225 fr. Ces dépenses augmentent ou diminuent selon la distance que l'on observe dans le placement des drains.

On exécute aussi des dessèchements par l'établissement de puits absorbants ; mais cet usage n'est pas employé dans le pays.

Irrigation.

Les prairies étant relativement peu communes dans notre contrée, l'irrigation ne se pratique que sur une petite échelle; les pâtures sont pour la plupart trop élevées pour être arrosées. Les prairies mieux situées, soit dans les bas fonds ou le long des cours d'eau, sont irriguées au moyen de petites rigoles par lesquelles les eaux s'introduisent, se reposent, et quelquefois ne séjournent que peu de temps; il y a aussi les prairies arrosées par submersion : ce sont celles qui se trouvent particulièrement le long des canaux et rivières qui débordent dans les abondances d'eau, et dont le trop plein se reporte sur les terres qui les entourent. Ces arrosements sont des plus bienfaisants, parce qu'ils contiennent plus de substances fertilisantes.

Labour, énumération des instruments, prix. Moteurs employés, etc.

On emploie comme instruments aratoires pour nos labours : la grande charrue dite avant-train, la charrue à sabot, la charrue-brabant à deux roues; la charrue fouilleuse est peu employée jusqu'ici; le binot, le scarificateur, la charrue tourne-oreille.

La charrue avant-train existe depuis des siècles; elle a été perfectionnée. Malgré ces perfectionnements, elle nécessite une plus grande force de traction; elle ne peut être traînée que par deux forts chevaux. On s'en sert moins qu'autrefois; elle est, en partie, remplacée par le brabant à sabot. Disons cependant que dans certaines circonstances on s'en sert encore de préférence pour la facilité du nivellement du sol. La charrue-brabant à sabot et la charrue brabant à deux roues se rapprochent pour l'usage qu'on en fait. La première est particulièrement employée dans les terres fortes; la deuxième, dans celles plus légères. La charrue à sabot est plus difficile à gouverner; elle demande un conducteur expérimenté; mais le travail se fait mieux, selon la volonté, en sillons.

La charrue à deux roues, quoique plus facile à manœuvrer, présente des inconvénients, pour la correction et la régularité du travail ; néanmoins ces charrues-brabant sont une innovation précieuse ; elles permettent de faire plus d'ouvrage, des défoncements plus considérables avec une force de traction infiniment moindre que la charrue avant-train. Un cheval suffit pour de petits labours.

La charrue tourne-oreille remplace assez avantageusement la charrue avant-train pour la facilité de revenir dans le même sens en retournant la raie et le coûtre ; elle s'emploie principalement à des sillons qu'on appelle *courts-tours*. Une perfection a été ajoutée à la charrue-brabant, c'est l'adjonction d'un deuxième soc en forme de razette ; ce second soc, placé en avant, prend une couche de terre superficielle, la place au fond du sillon, puis arrive le sillon plus profond qui la recouvre instantanément. Cette perfection du deuxième soc est infiniment avantageuse, puisqu'elle permet de placer sous terre les mauvaises herbes. Une charrue avant-train, prête à marcher, coûte 130 fr. ; une charrue-brabant à sabot ou à deux roues coûte 70 à 80 fr.

Le scarificateur est d'invention récente ; il est peu employé ; on s'en sert pour des labours superficiels : comme il y a une grande quantité de socs, on fait beaucoup de travail en peu de temps ; il sert principalement pour détruire les mauvaises herbes et coûte, monté, 150 fr.

La fouilleuse est aussi une innovation toute récente et peu employée dans notre contrée ; elle est d'une grande utilité pour les terrains à sous-sols durs, elle permet de donner des défoncements considérables en suivant une charrue dans le fond du sillon. Elle est avantageusement employée pour disposer les terres qui doivent porter les pommes de terre, du lin, et même des betteraves. Une fouilleuse peut coûter de 50 à 60 fr. selon la force. La houe à cheval n'est pas utilisé dans notre pays.

Le binot sert spécialement pour ramener la terre sur les rangs de pommes de terre et à recouvrir par ce moyen les tubercules. Il sert également à ameubler la terre entre deux rangées de pommes de terre ; mais pour cela il convient d'ôter les ailes, de même que pour les forts défoncements. Ainsi disposé, il peut facilement faire l'office de fouilleuse. Le binot coûte 45 francs.

La herse est seulement employée pour ameublir nos sols, extirper les mauvaises herbes, les faire sécher, disposer convenablement les terres à l'ensemencement ; on s'en sert cependant pour tasser les terres avant ou après l'ensemencement. Les blés, au printemps, sont roulés pour acquérir plus de consistance et de fermeté.

Les travaux de la culture se font par des chevaux ; il n'y a pas d'autres moteurs employés pour le labour. On se sert de bœufs cependant, dans quelques distilleries, pour le transport des betteraves ou des résidus, quelquefois aussi pour faire mouvoir des batteuses avec des manèges ; mais c'est là une exception. Les vaches ne sont employées que par exception ; on préfère en retirer le laitage.

Exécution des labours, époques, etc, etc.

Les labours s'exécutent en toutes saisons, excepté à l'époque où commence les gelées jusque vers les premiers jours du mois de mars. De cette époque au mois de juin, on fait les labours et les semailles de printemps pour les fèves, avoines, lin, œillettes, betteraves, tabacs ; de l'entrée de juin jusqu'après la moisson, on pratique peu de labours, on s'occupe d'ensemencer les carottes, navets, turneps mis après colzas, lins et hivernages, les choux-collets après scourgeon vert. Après la moisson, on s'occupe de petits labours après blés, seigles, colzas, pour nettoyer et extirper les mauvaises herbes, faire germer les mauvaises semences en terre.

A partir des premiers jours de septembre, on prépare les semailles d'automne ; les terres alors sont défoncées et disposées pour l'ensemencement des seigles, hivernages, blés, scourgeon ; plantation de colzas. Entre temps, jusqu'aux gelées, on dispose les terres qui doivent porter des récoltes de printemps ; on donne à ces dernières des défoncements assez énergiques pour les bien préparer et les assécher.

Semis à la volée, à la main ou en lignes.

On sème généralement encore dans le pays à la main et à la volée ; l'usage du semoir est jusqu'ici peu répandu, mais il s'exécute dans plusieurs fermes. Les semis en ligne ont pour avantage de mieux couvrir la semence et de la déposer à une profondeur régulière, de façon qu'aucun grain ne se perd ; la levée se fait mieux et il faut moins de semence. On peut, à l'entrée des semailles et jusqu'au moment où les terres s'arrangent dans de bonnes conditions, ensemencer un hectare avec 80 au 100 litres au plus de grain   Plus tard, alors que les terres deviennent plus humides et plus difficiles à se meubler, l'usage du semoir est moins bon; les semis à la volée, dans ce cas, sont préférables et plus certains.

Le semoir est un instrument excellent; toutefois, il appelle constamment l'attention du cultivateur, afin qu'il fonctionne d'une manière convenable et que le grain soit bien réparti. Les semis à la volée demandent plus de semence et plus de peine, la levée est moins régulière, une partie des grains se trouvent à une telle profondeur qu'ils ne peuvent soulever la terre, d'autres grains restent à la superficie et sont enlevés par les oiseaux.

Préparation des semences.

La préparation et le choix des bonnes semences sont essentielles en agriculture. Différents moyens sont employés pour les blés. Ces procédés ont plus ou moins de mérite. Le chaulage qui se compose de chaux et d'urine, est beaucoup employé et avec avantage pour la préservation de la carie. Le sulfate de soude est regardé comme excellent préservatif. Mais, de tous les moyens, le plus sûr et le plus avantageux, c'est de semer une semence bien saine, bien récoltée, bien sèche ; de se procurer ces semences de pays assez éloignés, afin que la nature du sol soit différente. Il est avantageux de renouveler intégralement les semences chaque année. C'est le moyen le plus certain pour être préservé de la carie, d'obtenir des résultats plus satisfaisants. Le blé, dans ces conditions lève mieux, a plus de vigueur ; la tige s'élève davantage et est moins exposée à la verse.

J'ai fait des essais sur plusieurs variétés de blé, particulièrement des blés anglais ; j'ai parfois obtenu de très bonnes récoltes ; mais aussi, à côté de ces avantages partiels, ces blés sont plus exposés à la gelée et à différents accidents ; ils germent plus vite, ils sont plus difficiles à battre. J'ai renoncé à cultiver les blés étrangers en faveur du blé blanzé du pays. Depuis quatre ans je sème la presque totalité de mes récoltes en blé à épis carrés blanzés. Cette variété est particulièrement avantageuse dans notre contrée, où les terres sont très fumées. Ce blé est moins exposé à la verse, il vient moins haut, la tige est plus raide. D'après mes aperçus, il rapporte en moyenne 5 hectolitres à l'hectare en plus du blé blanzé du pays.

Entretien et culture des plantes pendant leur croissance, etc, etc.

Dans nos petites exploitations, l'entretien et la culture des plantes se font presque entièrement par mains d'hommes ; le sarclage et le nettoiement des blés s'exécutent par des brigades d'ouvriers venant de la Belgique. Lorsque le temps le permet, on emploie de petites razettes pour couper les plus grandes herbes ; on se sert aussi de la herse et du rouleau, non-seulement pour tasser et raffermir les plantes, mais pour aider à détruire les mauvaises herbes et faciliter le sarclage. Les avoines, lins, œillettes sont aussi sarclés à la main ; toutefois pour les œillettes, on emploie la petite houe ou razette, en ayant soin d'espacer les plantes de 15 à 20 centimètres d'intervalle. Les pièces ensemencées sous raies et à la volée sont travaillées avec de petites houes, ce qui sert de binage.

Le colza se met en deux manières : en semis pour repiquer ou bien semé et laissé en place. Des sillons sont ouverts de trois en trois mètres ; dans ces sillons on prend à la bêche de la terre que l'on place dans les rangées. Ce travail se fait avant l'hiver, pour que la plante ne souffre pas de l'humidité et qu'elle soit plus garantie contre les gelées Au printemps, alors que la plante commence à se développer, on passe dans les rangées avec une petite houe, pour détruire les mauvaises herbes.

Environ trois semaines ou en mois après l'ensemencement des betteraves, alors qu'on commence à bien apercevoir les lignes, la terre se couvre d'herbes qui viennent de lever : on donne une première façon entre les lignes pour empêcher l'herbe de pousser et on ameublit le sol pour faciliter le développement des jeunes betteraves ; plus tard lorsqu'elles commencent à se tourner en feuilles, on fait un deuxième butage entre les rangées au moyen d'une razette ayant 25 à 30 centimètres de largeur. Cette deuxième opération terminée, on les espace, en détruisant dans les lignes celles qui sont inutiles, de 35 à 40 centimètres d'écartement. Le placement des plantes est un travail fort important qui a de l'influence sur l'avenir de la récolte ; avant que les betteraves ne soient trop développées, on donne une troisième façon : on détruit l'herbe entièrement.

Pour les pommes de terre, on attend que la levée soit assez avancée afin que les rangées puissent se dessiner d'une manière convenable ; on passe alors avec un binot sans aile ou avec une fouilleuse entre les rangées pour remuer la terre. On emploie la houe à mains d'hommes pour extirper les mauvaises herbes ; puis, quelques semaines plus tard, on reporte ces terres déjà remuées sur les pommes de terre, de façon à les recouvrir.

La culture et l'entretien du tabac demandent un soin particulier ; on prépare des semis qu'on fume et qu'on arrange en forme de couche garantis des vents du nord par des paillassons. Vers le mois de mars, on arrange et on sème les plantes, et comme elles sont très fragiles, il faut des soins minutieux. On arrose, on y place du bois pour les garantir des gelées. Dès que les plantes apparaissent et se forment, on les dispose de manière à ce qu'elles puissent venir convenablement ; puis, vers la fin de mai ou les premiers jours de juin, alors que la terre a été minutieusement préparée et ameublée, on procède à la plantation par lignes et au cordeau.

Les rangées sont espacées de 50 centimètres de manière à obtenir 44,000 plantes à l'hectare. Si le soleil est trop ardent au moment de la plantation, il convient de recouvrir pour quelques jours ces jeunes plantes, afin de les conserver en bon état ; si la terre est trop sèche, il faut aussi arroser. Lorsque le tabac est repris, on fait un petit binage pour ameublir les terres et couper les mauvaises herbes ; puis 45 jours plus tard, on retire la terre vers les plantes, de manière à laisser un courant entre chaque rangée. Lorsque la plante a pris un certain développement, on l'écime en ne lui laissant qu'un certain nombre de feuilles : huit par pieds est la moyenne ordinaire. A mesure que des rejetons apparaissent, on les brise ; puis, enfin, on arrive au moment de la récolte, qui a lieu à l'entrée de septembre.

Moisson (particularités de la).

Lorsque les seigles et hivernages commencent à arriver en maturité, on s'arrange avec des ouvriers, souvent étrangers, pour l'entreprise de la moisson ; on traite avec eux pour un prix de 10 à 12 francs l'hectare, étant nourris, et 18 fr., non nourris. Le seul instrument en usage dans le pays est la sape ou piquet : chaque homme, armé de ce petit instrument et d'un crochet, prend une route d'environ 1 mètre 50 centimètres Les javelles se trouvent le long des routes et à distance selon la récolte. Le lendemain ou

quelquefois le même jour, on les relève pour former des gerbes,
dont le nombre varie de 2 à 3 mille à l'hectare. Cette opération
faite, on dresse 16 gerbes droites se reposant les unes sur les
autres; puis on en prend 4 autres dont on retourne les épis en bas
pour servir de capuchon. Un lien attache le tout ensemble et forti-
fie ces petites moyettes en les maintenant en bon état.

Les blés ainsi arrangés, il est rare qu'ils puissent s'endommager
et germer; lorsqu'ils ont séjourné 10 à 13 jours dans cette situation, si le temps est favorable, on les renferme dans la grange, en
s'assurant s'ils sont en bon état de conservation.

Quelques cultivateurs suivent encore un système ancien qui
consiste à relever le blé en moyettes de 24 gerbes, sans le couvrir
de capuchon; ce moyen, quoique nécessitant moins de travaux,
me paraît plus défectueux, plus exposé à germer dans les années
humides et culbutant plus facilement par les vents, alors il en
résulte un grand intérêt pour le grain que l'on perd.

L'avoine, de même que le blé, est coupée à la sape; je laisse
javeler de plusieurs jours avant de lier; la pluie, pourvu qu'elle ne
dure pas trop longtemps, est avantageuse pour la facilité du battage; je fais lier et mettre en moyettes. Il y a plus de précautions
à prendre pour la rentrée des avoines que pour les blés.

On commence à faucher les prairies vers le mois de juin; un
jour ou deux après cette opération, si le temps est favorable, on
éparpille le foin avec des fourches pour sécher avec plus de facilité, puis, au déclin du jour, on le dispose en petits monticules;
on continue cette opération jusqu'à ce qu'il soit assez sec pour le
mettre en moules ou moyettes. On ramasse alors, avec l'aide d'un
rateau, le foin qui traine sur la prairie, et on le renferme dès que
la fermentatation est passée.

La fenaison des trèfles, des luzernes et des sainfoins se fait de
la même manière; toutefois, pour les trèfles il est avantageux de ne
pas trop remuer, afin de conserver les feuilles qui sont la partie
essentielle de la nourriture. Après la récolte du foin, on fait pâtu-
rer pour la deuxième partie de la récolte.

On commence à arracher les betteraves vers le 15 de septembre; on choisit les pièces les plus avancées en maturité; on se sert de fourches à deux dents. On les dispose par rangées, puis on coupe les verts à la naissance des feuilles au moyen d'un instrument en forme de bêche; on les transporte alors sur des chariots à la fabrique ou en silos. Les feuilles sont ramassées au fur et à mesure pour les bestiaux.

A partir de novembre ou décembre, on arrache les carottes à la bêche pour les conserver l'hiver. Les carottes demandent beaucoup de précautions. On est tenu de les garantir de la gelée, mais on ne peut trop les couvrir; elles s'échauffent facilement.

Les pommes de terre s'arrachent vers le mois de septembre, lorsque les tiges sont tout à fait sèches.

Les lins sont cueillis, à leur maturité, vers la mi-juillet, par petites poignées que l'on couche par terre et que l'on relève après quelques heures de soleil, pour en former de petites chaînes de 3 à 4 mètres de longueur. Quand ils sont secs, on les lie en gerbes et on les place en grosses chaînes, que l'on recouvre de paillassons de façon à les garantir des mauvais temps. Lorsqu'ils ont passé une dizaine de jours dans cette position et que la graine est suffisamment sèche, on le renferme à la grange ou en meule; quelquefois on le conduit directement chez le marchand qui l'a acheté sur terre.

Pour couper les colzas, on n'attend pas une complète maturité, parce que le grain se perdrait en trop grande quantité. On les dispose par rangées et par poignées ; quelques jours après on les met en meule qu'on recouvre de paille et de piquets pour les garantir du vent et du mauvais temps. Trois ou quatre semaines plus tard, lorsque la fermentation est passée, on les bat au fléau et aux champs; puis on les vanne pour les renfermer au grenier. Les racines et la courte paille sont laissées aux ouvriers.

Le tabac se coupe dans les premiers jours de septembre avec des couteaux; on dispose les feuilles par poignées que l'on transporte sur des chariots au séchoir; des personnes les aiguillent et en font des guirlandes qu'on suspend à des sapins établis pour cet usage.

On tient pendant quelques jours le tabac en masse, afin qu'il puisse obtenir de la couleur ; on le remue pour l'empêcher de s'échauffer. Lorsqu'il est arrivé à un degré de dessiccation, on le ramasse par paquets , puis on le renferme dans un grenier bien garanti de l'air et de l'humidité. Le séchoir demande une mise de fonds considérable pour l'établir dans de bonnes conditions, ce qui est indispensable. Quelque temps avant la livraison, on arrange le tabac par classe et par qualité ; on en fait des manoques, puis des bottes, et on le conduit aux magasins de la régie, aux jours et heures indiqués à l'avance.

Conservation des produits; battage.

Lorsque le blé est dans un état satisfaisant pour être renfermé, on le conduit en grange ou on fait des meules; les granges sont ordinairement insuffisantes pour toute la récolte. Jadis on attendait l'hiver pour battre au fléau; actuellement un grand nombre de cultivateurs battent à la machine locomobile ou au manége. Les machines locomobiles sont employées dans les moyennes exploitations; les grands cultivateurs ont pour leur service spécial une batteuse qu'ils font fonctionner par des chevaux ou bœufs. Le battage au fléau à mains d'hommes est encore le plus suivi dans les petites cultures, quoiqu'il soit plus coûteux et moins commode; il demande une surveillance continuelle, mais il a l'avantage de conserver les ouvriers l'hiver. Il est incontestable que les machines rendent un immense service au pays ; les bras faisant défaut, le battage devenait difficile et imparfait. La batteuse locomobile a l'avantage de faire beaucoup d'ouvrage en peu de temps, de conduire et disposer de ses grains pour le marché, pour faire de l'argent si on le juge convenable, profiter de hauts prix s'ils se présentent; on obtient aussi le blé plus propre, surtout s'il y a des épis charbonnés ou de la carie; le seul inconvénient, c'est que la paille sort un peu froissée; mais c'est peu de chose que cela, puisque cette paille n'a rien perdu pour faire du fumier. On procède au nettoiement des grains avec des pelles, des vans, des cribloirs, des moulins à vanner. J'employais autrefois le fléau; actuellement je fais battre avec les machines locomobiles une partie de ma récolte après la moisson; l'autre partie pendant l'hiver.

Animaux domestiques, chevaux, races, prix, élèves.

Les cultivateurs de notre pays n'élèvent pas de chevaux; l'élève est une exception; il y a peu de prairies et ils préfèrent du foin et du pâturage pour les bêtes à cornes. Ils achètent des poulains de 24 à 30 mois et les revendent à 7 ou 8 ans. D'autres se procurent des chevaux de 5 à 6 ans et les usent. Ils proviennent de la Belgique, du Boulonnais ou d'Albert. Les chevaux belges ou flamands ont plus de poids; ils peuvent traîner un plus fort chargement, mais ils sont moins vigoureux. Les Boulonnais sont plus légers, plus libres, plus vigoureux, ils ont généralement la poitrine bien développée, mais les reins bas, la croupe trop forte, les pieds sont bons, mais presque toujours le talon est trop bas. Les percherons sont préférés, mais ils sont rares. Ceux venant des environs d'Albert sont employés à des services légers.

J'ai ordinairement dans mon exploitation six chevaux, ce nombre augmente selon les besoins des charrois de briques. Je ne fais guère attention à la couleur de la robe : ce qui me préoccupe le plus c'est le travail qu'ils peuvent faire. J'ai quatre chevaux flamands que j'emploie plus particulièrement aux charrois, et deux boulonnais qui servent principalement pour les travaux plus légers et labours. Les prix d'achat varient de 600 à 1,000 fr.

Construction des écuries, alimentation des chevaux, soins, dépenses, etc.

J'ai déjà donné la description des écuries, en parlant des bâtiments de ma ferme. La construction est faite en briques; les voûtes aussi en briques, reposent sur des sommiers en bois; les pavements sont en grès et en briques soufflées. Au dessus des greniers, je place du foin et de la paille; les chevaux sont dans de bonnes conditions d'hygiène; la ventilation se fait au moyen de fenêtres et lucarnes. Mes chevaux font ordinairement trois repas par jour en hiver et quatre en été. Ces repas se composent d'avoine avec du fourrage haché, un peu de son; dans les moments de grands travaux, j'ajoute un pain de seigle de trois livres par chaque cheval et par jour, puis une botte de foin à chacun le soir, pour passer la nuit. La nourriture d'un cheval constamment occupé coûte 3 f. 50 c. par jour. Les chevaux sont soignés et brossés tous les matins avant leur départ; les fumiers sont tirés chaque jour.

Bœufs ou vaches, les emploie-t-on au travail ? nourriture, dépenses produits.

Comme je l'ai dit plus haut, les bœufs ou vaches ne sont pas employés pour les travaux des champs. Dans les plus grandes exploitations, il y a un taureau qui saillit les vaches d'une certaine circonscription. Les fermiers tenant des moutons, s'ils ne veulent éprouver des désagréments, sont assujettis à avoir ce taureau. On paie ordinairement de 25 à 50 c. pour chaque vache présentée au taureau. Les veaux sont rarement destinés à l'élevage; on les vend généralement à la boucherie, quelque temps après la naissance.

Il y a dans le pays trois modes en usage pour le produit des bestiaux : l'élevage, la production du beurre et du bas-beurre, la vente du lait suivis de l'engraissement. L'élevage ne se pratique en grand que sur les points du département où il existe beaucoup de pâtures et particulièrement dans les arrondissements d'Avesnes, Hazebrouck et Dunkerque. Dans ces contrées, l'élève est un commerce assez important. Dans notre localité, il ne se fait que par exception et n'a pour but que de remplacer les vides qui ont lieu chaque année, par quelques vaches qui périssent par maladies ou accidents, ou par suite de l'abattage de bestiaux pour les besoins de la ferme.

La production du beurre a lieu en grand et dans presque toutes les parties du département. Les cultivateurs, tout en ne faisant pas d'élèves, envoient une partie de leurs bestiaux au taureau, pour le renouvellement du lait. On choisit de préférence certaines époques de l'année où les nourritures sont plus abondantes et moins coûteuses pour le moment du vêlage. Dans d'autres lieux, on fait du beurre, du bas-beurre et du lait battu ou petit lait. Le produit est assez considérable, et pour augmenter le rendement, on vend les vaches à mesure qu'elles tarissent, et on les remplace par d'autres en lait.

Pour faire du beurre, la vache à poil roux, venant de Cassel, est préférée parce que le beurre se trouve en plus grande abondance dans les proportions relatives du lait; la vache rouge est recherchée par la boucherie. La nourriture d'une vache dans ces conditions peut être évaluée 1 franc 75 centimes par jour. Il faut en moyenne 13 litres de lait pour une livre de beurre qui vaut ordinairement 1 fr. 25 à 1 fr. 35. La vente du lait est le commerce qui rapporte le plus; mais ce mode ne peut être employé que par les fermiers qui se trouvent près des villes et ayant de bonnes voies de communication. Pour notre contrée, on transporte le lait à Roubaix, à Tourcoing et à Lille. Il se vend soit directement au débit, à 20 c. le litre, ou bien à des marchands qui viennent le prendre à la ferme, à 15 c. le litre.

Je tiens ordinairement 18 belles vaches hollandaises ; que je me procure à des marchands du pays et venant directement de Malines, en Belgique. J'achète, autant que possible, des vaches de bon choix et prêtes à donner leurs veaux ou les ayant donnés récemment. Je ne les choisies ni trop jeunes ni trop vieilles, mais le plus communément vers 5 à 7 ans. Trop jeunes elles sont moins abondantes, trop vieilles elles sont plus difficiles à engraisser et ont moins de qualités pour la boucherie. Dans ces conditions, elles me coûtent en moyenne de 5 à 600 francs. Etant à proximité des différentes nourritures telles que drêche de genièvre, drêche de bière, tourteaux, fèves, j'ajoute ces dernières nourritures à celles provenant de ma ferme, afin d'obtenir le plus de lait possible et engraisser les vaches à mesure qu'elles tarissent. Je tiens ces vaches 12 à 15 mois au plus; puis je les vends à la boucherie. Le prix de vente ne peut compenser le prix d'achat; mais le fermier se trouve indemnisé par le produit du lait et les bons fumiers qui en proviennent. La vache hollandaise, nourrie dans ces conditions, peut coûter par jour, pour nourriture et soins, 2 fr. à 2 fr. 25 c. Le maximum du produit par jour et par année, est de 18 litres de lait. Depuis le mois de mai jusqu'au mois de novembre, on fait sortir les vaches dans les pâtures ; l'hiver elles sont entièrement nourries à l'étable.

Les principales maladies sur les vaches sont la pleuropneumonie épizootique et la cocotte. Ces maladies sont contagieuses.

La vache atteinte de la cocotte délaisse le manger pendant 8 à 15 jours, elle devient très maigre, le lait se tarit, sa langue est en feu et se pelant, on l'arrose avec de la moutarde et du vinaigre. des boutons apparaissent sur les tétons : il devient difficile de traire. Lorsque la maladie s'agrave, la vache devient avec les pieds enflés et rouges : on combat ce mal avec du lait de chaux et quelques acides. Sans être très dangereuse, cette maladie cause d'assez grands préjudices, dans le pays, surtout depuis dix-huit mois. Comme les vaches arrivent de la Hollande, tous les jours, en Belgique, et de là sont transportés sur les wagons du chemin de fer, la contagion est pernicieuse, et il serait désirable que des mesures fussent prises pour éviter ces inconvénients regrettables.

La pleuropneumonie est une maladie qui existe depuis un demi-siècle dans notre contrée : elle est acclimatée et reparaît à des distances plus ou moins rapprochées.

Cette maladie sévissant dans une étable, cause des ravages immenses. Les bestiaux qui en sont atteints périssent, malgré tous les secours de l'art ; la guérison fait exception. Les pertes étaient si grandes qu'un grand nombre de cultivateurs devaient renoncer à tenir des bestiaux ; moi-même j'y étais disposé, car, de 1842 a 1852, je perdis 55 bêtes à cornes de cette terrible maladie. Mon père fit aussi des pertes importantes; mais en 185?, par des expériences réitérées, on découvrit un moyen préservatif: *l'inocu'ation.* Le docteur Willems, de Hasselle, fit cette précieuse découverte, laquelle fut pratiquée chez nous avec avantage et succès. Cette opération est très simple; elle se fait à l'aide d'un virus que l'on prend dans les parties de poumon d'une vache malade de la pleuropneumonie ; on introduit ce virus au moyen d'une petite incision à l'extrémité de la queue; puis, on referme cette incision avec une ligature ; quelques jours plus tard, cette opération fait ses effets Quelquefois, et particulièrement dans les moments de chaleurs, le virus monte et produit des engorgements au sommet de la queue, que l'on cautérise au moyen de l'essence de térébenthine; dans certains cas, on emploie le bistouri pour extirper les globules.

Les accidents de l'inoculation sont rares : on peut estimer les pertes par suite de cette opération à 2 pour 100. On en est quitte, presque toujours, par la perte du bout de la queue. Dans tous les cas, les accidents partiels ne sauraient nous arrêter dans cette voie, vu les dommages considérables qu'on subissait auparavant. Je fais maintenant inoculer mes vaches à mesure qu'elles entrent dans mes étables.

Il y a peu de fermes ayant des moutons, dans notre contrée. Les cultivateurs qui en possèdent font des élèves, en partie seulement, de leur troupeau ; d'autres engraissent et renouvellent chaque année. Lorsque le temps le permet, et alors qu'il n'y a ni neige ni gelées intenses, les moutons parcourent les routes, s'arrêtent sur les prairies après les récoltes ; l'été, on les tient en pacage la nuit, et on en obtient un engrais excellent. En plus des nourritures du parcours, on donne aux moutons des warais, des fèves, de la paille fourragère, de la pulpe. La laine se vend pour l'industrie du pays, environ 10 fr. la cotte, selon la qualité et la demande.

Oiseaux de basse-cour.

Les oiseaux de basse-cour ne peuvent être considérés chez nous comme un commerce. On tient des poules uniquement pour ramasser les grains et insectes qui se trouvent dans les fumiers de cour. Il y a donc profit et utilité à en avoir un certain nombre; mais du moment que ce nombre nécessaire est dépassé et qu'il faut donner des nourritures en blé, alors il y a perte, la nourriture excédant en frais le produit qu'on peut en tirer. Une poule à l'état maigre coûte 1 fr. 50; à l'état gras 2 fr. 50. On ne vend de poules et de poulets que par exception. La poule du pays est noire, avec les oreilles blanches; mais les basses-cours sont généralement garnies de poules de différentes espèces. Les œufs se vendent de 6 à 12 c. selon les saisons.

INDUSTRIES SE RATTACHANT A L'AGRICULTURE.

Détails, etc.

Les industries qui se rattachent le plus directement à la culture sont : les distilleries, la fabrication du sucre, de l'huile et des tourteaux, la meunerie et la fabrication des briques.

La fabrication du sucre et la distillerie sont les principales industries agricoles. Dans notre contrée, il y a peu de fabriques, et encore elles ne peuvent être annexées directement à la ferme, à cause du morcellement de notre culture : ce sont plutôt des établissements particuliers et spéciaux montés sur un grand pied et fabricant annuellement de 200 à 300 hectares de betteraves pour faire du sucre et de l'alcool.

La fabrication d'huile était autrefois assez répandue dans nos campagnes; il existait alors beaucoup de moulins à vent dont un certain nombre étaient annexés aux exploitations rurales. Cette industrie donnait d'assez beaux résultats, surtout comme annexe de la ferme. Le cultivateur trouvait facilement l'emploi de ses chevaux. Cette industrie procurait l'avantage de trouver les tourteaux, engrais fertilisant, sur place. La vente des graines oléagi-

neuses se faisait aussi sur les lieux. On rencontre encore aujour-
d'hui, çà et là, des moulins à vent dans les campagnes; mais une
transformation s'opère dans ce commerce : des établissements
spéciaux et vastes s'établissent; ils fonctionnent par la vapeur et
font une rude concurrence aux moulins à vent.

Les moulins à farine et à vent étaient également attachés à la
ferme ; il en existe actuellement encore un assez grand nombre ;
mais, de même que dans la fabrication d'huile, ces moulins à farine
disparaissent tous les jours, pour se transformer en établissements
mus par la vapeur, et forment par conséquent des industries parti-
culières et spéciales.

La fabrication des briques est encore une industrie qui se rattache
avec avantage à la culture de la ferme dans notre contrée. C'est
celle qui est annexée à mon exploitation. Cette industrie, par elle-
même, se trouve bien placée au centre d'une nombreuse population industielle, là où la construction prend des développements
considérables. Il y a dans une circonférence de 5 à 6 kilomètres
une dizaine de fermiers-briquetiers. L'avantage de cette industrie,
c'est qu'elle permet d'occuper les chevaux en tous temps et en
toutes saisons. L'été, alors que les travaux des champs diminuent
ou que le temps n'est pas convenable pour travailler sur les terres,
les attelages se reportent sur les charrois de briques; lorsque, au
contraire, l'ouvrage devient pressant pour la culture, on trouve le
moyen de faire, en peu de temps, les travaux urgents de la terre,
par un temps d'à-propos. L'hiver, au lieu de laisser reposer les
chevaux à l'écurie, on les emploie aux charrois du sable, du
charbon et du bois pour servir à la confection des briques. Par ces
moyens, les chevaux sont occupés toute l'année, ont une nourriture plus régulière, se portent mieux, et les frais généraux
sont comparativement moins importants. Comme dans la culture
on a besoin de plus de bras en été, cette industrie permet de conserver ces bras l'hiver, pour la fouille de la terre nécessaire à la
fabrication des briques.

COMPTABILITÉ.

Dans notre pays de p. tites cultures, la vente des produits et des denrées est, pour ainsi dire, continuelle et très minutieuse. Il est presque impossible de tenir un système de comptabilité suivie. C'est une question de détails que l'on pourrait comparer à celle des épiciers. Pour employer ce système, il y aurait nécessité absolue de prendre un employé pour inscrire les entrées et les sorties continuelles. On ne pourrait obtenir ce commis à moins de 1,500 fr. par an. En ajoutant la nourriture et le logement, on arrive à une somme importante de dépenses, surtout pour un cultivateur dont les bénéfices sont ordinairement restreints. Il n'y a donc pas de comptabilité dans aucune ferme de nos contrées. On tient ordinairement (et c'est ce que je fais), un livre pour inscrire les entrées et les sorties des domestiques, leurs gages, les à-comptes. Sur un brouillon sont inscrits, pour mémoire, les principales ventes des récoltes, le rapport des différentes cultures, les divers achats en engrais, chevaux, vaches, moutons, etc . les ventes. Ces notes se prennent pour le réglement des affaires. Voilà ce qui se passe dans notre contrée. Chaque année on fait un aperçu de son exploitation, de sa valeur; on évalue son actif et son passif; on arrive à connaître ses économies ou ses pertes. Pour mon industrie en briques, je tiens un journal où sont inscrites toutes les fournitures journalières, et un grand-livre pour les comptes de chaque client.

RENSEIGNEMENTS PARTICULIERS,

Après avoir répondu aux questions les plus saillantes et être entré dans des détails autant généraux que spéciaux, je termine ce travail par quelques renseignements plus particuliers.

Mon père, cultivateur à Roubaix, voyant tous les jours sa ferme entamée par l'extension de cette ville, a fait, en 1833, l'entreprise d'un petit domaine situé à Croix, canton de Roubaix. A cette époque cette exploitation se trouvait, comme beaucoup d'autres de ce temps là, dans de mauvaises conditions, surtout au point de vue de la viabilité. Quoique située à un kilomètre de Roubaix, il était difficile, sinon impossible, de se procurer les engrais de la ville, la vente des produits ou denrées et celle du lait n'étaient guère praticables non plus. On se trouvait donc dans cette position à devoir supporter les charges de la proximité d'une grande ville sans en retirer les avantages. Le transport des engrais sur les champs présentait aussi bien des difficultés, vu le mauvais état des carrières qui y aboutissaient. Les terres, ayant un sous-sol dur et peu perméable, étaient humides; l'air et le soleil venaient à peine réchauffer ces sols par l'obstacle des saules qui s'y trouvaient en grand nombre; la cour était en mauvais état; les eaux des fossés autour de la ferme étaient peu salubres : elles étaient trop stagnantes et la chute des feuilles contribuait à cette insalubrité. Les eaux, dans les grandes pluies, ne pouvant s'écouler assez vite, occasionnaient des inondations considérables et préjudiciables.

En présence de ces inconvénients, mon père s'occupa d'abord d'améliorer les voies de communication pour la facilité de la vente des denrées, de la laiterie et de l'approvisionnement des engrais.

En 1842, mes parents, désirant se retirer, me cédèrent l'exploitation que j'occupe encore aujourd'hui. Je poursuis les améliorations tentées par mon père ; comme locataire, je ne pouvais songer à faire des pavés: la dépense eût été considérable et imprudente en présence d'un bail de 9 années; je porte tous mes soins à faire des améliorations peu coûteuses, et me ménageant mes ressources; je me procure à la ville des décombres, des mâchefers, et enfin après plusieurs années de sacrifices, j'arrive à obtenir une route en bon état. Par cette première amélioration, j'obtiens la vente des produits avantageux, ce qui me permet de tenir un bon troupeau de bêtes à cornes.

J'ai parlé plus haut de ce troupeau. Ce système me procure des engrais à la ferme; j'en recherche à la ville afin de réchauffer les terres froides et humides. Pour donner à ces terres plus d'air et de soleil et améliorer le morcellement, j'ai décidé mon propriétaire à abattre les nombreux saules plantés dans mes champs: ces saules, tout en portant préjudice, ne me rapportaient rien. Ce travail fait, je m'occupai des redressements, j'établis des fossés pour l'assainissement et l'écoulement des eaux ; le drainage alors aurait été exécuté si je l'eusse connu, et moyennant des conditions acceptables; les engrais et les amendements eussent été insuffisants, si l'on n'avait songé à améliorer l'état du sol et du sous-sol ; pour arriver à ce résultat, je fis faire des labours profonds et réitérés; ramener le sous-sol en mélange avec la terre végétale; augmenter cette couche afin de donner aux plantes de nouveaux principes fertilisants, et plus de jouissances aux racines; les matières fécales, les fumiers de rues en mélange avec la chaux, les tourteaux : tous ces engrais, employés selon la nature du sol, me procurèrent des récoltes magnifiqnes.

Pour ajouter une plus grande perfection à ma culture, je me décidai à cultiver le tabac; en 1844, je plantai 2 hectares; me trouvant bien de cette récolte, j'arrivai à en cultiver jusqu'à 4 hectares. Cette plante demande une quantité considérable d'engrais et des soins continuels dans la préparation du sol, ainsi que des soins non moins grands du sarclage. J'obtins par cette culture des terres d'une qualité supérieure.

Je m'occupai ensuite d'améliorations de bétail: je mis la cour en bon état pour la facilité du transport des engrais; j'établis des citernes, une écurie pour mes chevaux, des hangars; j'agrandis les étables; je fis une meilleure distribution dans le corps de logis. Toutes ces améliorations auraient pu être faites sur un plus grand pied; mais, dans ma position de locataire, je ne pouvais songer qu'aux choses nécessaires et utiles. et dans les vues d'un temps limité.

Après avoir accompli les perfectionnements les plus utiles dans la sphère de ce qui était praticable, il me restait encore à apporter des modifications sur mes vergers et pâtures, dont je ne pouvais retirer que de faibles produits. Le sol, d'une argile défectueuse, était couvert d'arbres montants et fruitiers qui entrelaçaient le gazon d'une infinité de petites racines. J'obtins du propriétaire l'abattage de ces arbres; puis, pour améliorer ces prairies, je fis enlever une couche de terre de 1 mètre 50 centimètres.

Pour que cette opération me fût moins onéreuse, je transformai cette masse de terre en briques ; c'est ainsi qu'à partir de 1845 j'adjoignis à ma ferme une industrie très en rapport avec mon exploitation. J'ai fait ressortir précédemment cet avantage. Après avoir enlevé cette superficie de terre, j'établis un nivellement; je mis sur ces sols une couche de fumier de rue de cinq centimètres d'épaisseur; j'exécutai plusieurs labours; puis, par des fumures réitérées, j'arrivai à obtenir une couche de terre végétale en bon état. Pour former un gazon convenable, j'ai eu recours, pour les semences, aux herbes de la Lys en y mêlant de la ray grass d'Italie et le vulpin des prés.

Actuellement j'ai des prairies très fertiles, dont une partie peut être irriguée. C'est par ces perfectionnements, qui ne sont ni saillants ni dispendieux, que je suis arrivé à ajouter à mon domaine une plus-value importante. Pour bien juger de ces progrès, il faudrait se reporter à la situation de l'exploitation lors de notre entrée en jouissance.

Considérant les heureux effets d'une bonne viabilité des chemins et les succès que j'avais obtenus pour moi-même, je tentai de procurer à la commune de Croix que j'habite, les mêmes avantages. Cette commune, imposée de charges très lourdes à cause de l'établissement de pavés, ne pouvait songer à en faire de nouveaux avant un temps assez éloigné.

Un grand nombre de cultivateurs se trouvaient encore dans des conditions de chemins impraticables, quand, en 1858, il fut décidé de changer le mode d'exécuter les journées prestataires.

Au lieu de dépenser chaque année en pure perte les prestations, par des nivellements, de boucher les ornières, et mettre, en définitive, de la terre sur de la terre, opération qui ne produisait aucun résultat avantageux, le Conseil, sur ma demande, a décidé de reporter les travaux sur un point à la fois ; et, vu l'avantage de la proximité de Roubaix pour se procurer des scories, des décombres, des déchets de briqueteries, nous nous mîmes à l'œuvre, en 1858. Actuellement la presque totalité des chemins de Croix sont dans un état satisfaisant de bonne viabilité. Ces chemins, quoique insuffisants pour le grand roulage, procurent toute facilité pour les travaux agricoles. Les ressources prestataires serviront au parfait entretien de ces routes ainsi transformées.

BAUCARNE-LEROUX,

www.ingramcontent.com/pod-product-compliance
Lightning Source LLC
LaVergne TN
LVHW050643060726
842527LV00004B/1449